BEI GRIN MACHT SICH IHR WISSEN BEZAHLT

- Wir veröffentlichen Ihre Hausarbeit, Bachelor- und Masterarbeit

- Ihr eigenes eBook und Buch - weltweit in allen wichtigen Shops

- Verdienen Sie an jedem Verkauf

Jetzt bei www.GRIN.com hochladen und kostenlos publizieren

Bibliografische Information der Deutschen Nationalbibliothek:

Die Deutsche Bibliothek verzeichnet diese Publikation in der Deutschen National-
bibliografie; detaillierte bibliografische Daten sind im Internet über http://dnb.d-
nb.de/ abrufbar.

Impressum:

Copyright © 2011 GRIN Verlag
Druck und Bindung: Books on Demand GmbH, Norderstedt Germany
ISBN: 9783668696426

Dieses Buch bei GRIN:

https://www.grin.com/document/424013

Andreas Stadler

Messung und Anwendung radioaktiver Strahlen

GRIN Verlag

Gymnasium Sankt Paulusheim Bruchsal 2010/2011

Andreas Stadler

Thema der Arbeit: Messung und Anwendung radioaktiver Strahlen

Unterrichtsfach:	Physik
Abgabetermin:	06.06.2011

Inhaltsverzeichnis

I)   Allgemeine Informationen zu radioaktiver Strahlung

Radioaktivität bezeichnet die Eigenschaft von instabilen Atomkernen bei deren Zerfall Strahlung auszusenden. Diese Strahlung wird ionisierende (radioaktive) Strahlung genannt.[1]

Dabei werden 3 verschieden Arten von Strahlung unterschieden, nämlich α-Strahlung (Alphastrahlung), β-Strahlung (Betastrahlung) und γ-Strahlung (Gammastrahlung).

„α-Strahlung besteht aus Heliumkernen, β-Strahlung aus Elektronen [und] γ-Strahlung aus Photonen.“[2]

II)   Messung radioaktiver Strahlen

1)   Wichtige Maßeinheiten zur Messung radioaktiver Strahlung

Beim Zerfall von Atomkernen entstehen verschiedene Arten von Teilchenstrahlung und elektromagnetischer Strahlung, „deren Menge, Energieinhalt und biologische Wirksamkeit von Element zu Element, von Strahlungsart zu Strahlungsart unterschiedlich ist.“ [3] Deshalb gibt es für verschiedene Eigenschaften von radioaktiven Material unterschiedliche Messgrößen[3], von denen ich im Folgenden die drei Wichtigsten vorstellen möchte.

a)   Die Aktivität

Die physikalische Größe der „Aktivität“ misst, „wie viele Kerne eines radioaktiven Stoffes in einer Sekunde zerfallen.“[3] Sie wird in Becquerel (abgekürzt: Bq) gemessen.

Weil man mithilfe der Aktivität noch wenig Aussage darüber treffen kann, wieviel Energie durch die Radioaktivität abgegeben wird, ist eine weitere physikalische Größe notwendig:

---

[1] vgl. http://de.wikipedia.org/wiki/Radioaktivität
[2] Appel, Thomas u.a.: Schroedel Spektrum Physik Gymnasium, 2. Neubearbeitung, Braunschweig 2008, Seite 174
[3] http://www.weltderphysik.de/de/8936.php

b)   Die Energiedosis

Die „Dosis" gibt an, wieviel Energie radioaktive Strahlung in einem Kilogramm Körpergewebe abgibt. Sie wird in Gray (abgekürzt: Gy) gemessen. Ein Gray ist folgedessen die Energiedichte von einem Joule pro Kilogramm Körpergewicht. Dadurch ergibt sich folgender Zusammenhang:

$$1\,\mathrm{Gy} = 1\,\frac{\mathrm{J}}{\mathrm{kg}} = 1\,\frac{\mathrm{m}^2}{\mathrm{s}^2}\,_4$$

Außerdem gibt es noch eine weitere wichtige physikalische Größe, die bei der Messung von Radioaktivität eine Rolle spielt:

c)   Die Äquivalentdosis (biologisch gewichtete Dosis)

„Umgekehrt zur Reichweite ist die Wirkung der Strahlung im menschlichen Körper."[4] Weil Alphastrahlung auf kurzer Strecke viel Energie abgibt, werden Zellen deshalb von Alphastrahlen mehr angegriffen als von Betastrahlen, die auf derselben Strecke weniger Energie abgeben. Gammastrahlen, die durch den Körper hindurchgehen, geben dabei am wenigsten Energie ab.

„Diese unterschiedliche biologische Wirksamkeit wird mit Korrekturfaktoren je nach Art der Strahlung bestimmt. Die Einheit für die biologisch gewichtete Strahlendosis - die Äquivalentdosis - ist das Sievert, abgekürzt Sv. 1 Sv ist dabei schon eine sehr große Dosis, daher wird häufig in Einheiten von tausendsteln Sievert, also Millisievert, mSv, gemessen."[5]

Somit ist der Unterschied zwischen der Energiedosis und der Äquivalentdosis folgender:

Die Energiedosis ist ein Maß für die physikalische Strahlenwirkung, nämlich wieviel Joule Energie radioaktive Strahlung in einem Kilogramm Körpergewicht abgibt, die Äquivalentdosis hingegen berücksichtigt die unterschiedliche Wirksamkeit der verschiedenen Strahlenarten

---

[4] http://www.weltderphysik.de/de/8936.php
[5] http://upload.wikimedia.org/math/e/f/1/ef1e0e2f377c129190fdd6b6f4983b9b.png

Die Äquivalentdosis ist also zusätzlich noch von einem „Qualitätsfaktor", der „relativen biologischen Wirksamkeit" abhängig, die „ein Unterscheidungsfaktor für Strahlenarten hinsichtlich ihrer biologischen Effekte"[6] darstellt.

Daraus ergibt sich folgender physikalischer Zusammenhang:

$$H = Q \cdot D$$

H : Äquivalentdosis
Q: Qualitätsfaktor

D: Energiedosis

2)   *Dedektoren, die radioaktive Strahlung messen können*

Bei der Messung von radioaktiven Strahlen ist es wichtig anzumerken, dass „keine direkte Messung möglich"[6] ist, sondern dass man die „unterschiedlichen Wechselwirkungen der verschiedenen Strahlungsarten mit der Materie"[7] betrachten und auswerten muss. Dafür haben Forscher etliche Dedektoren entwickelt, von denen ich im Folgenden zwei vorstellen möchte: Den Geigerzähler und die Nebelkammer.

[6] http://de.wikipedia.org/wiki/Relative_biologische_Wirksamkeit
[7] http://www.jurentschk.de/AT/Strahlung-PP.pdf

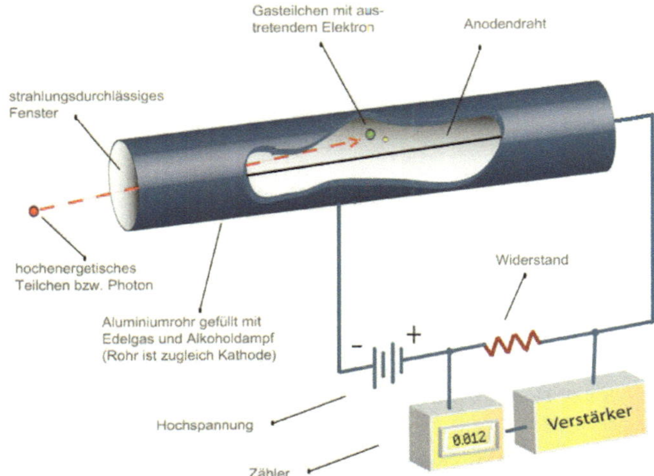

⌨ Skizze zur Funktionsweise eines Geigerzählers[8]

Der Geigerzähler ist ein wichtiges Instrument zur Feststellung ionisierender Strahlen. Er besteht aus einem Metallrohr, das negativ geladen ist, also als Kathode fungiert. Dieses Metallrohr ist mit einem Edelgas (Helium, Argon oder Neon) unter vermindertem Druck gefüllt. Außerdem wird durch das Rohr ein Draht (meist aus Wolfram) gespannt; dieser Draht ist positiv geladen (Anode). Schließlich wird zwischen der Kathode und der Anode eine Hochspannung angelegt. (siehe Skizze)

Gelangen nun α-, β- oder γ-Strahlen in das Rohr des Geigerzählers, spalten sich Elektronen von den Atomen des sich im Metallrohr befindenden Edelgases ab. Durch die hohe Spannung werden die Elektronen mit einer großen Beschleunigung zu Anode, dem Wolframdraht, gezogen. Auf dem Weg zur Anode lösen die Elektronen aufgrund ihrer hohen Geschwindigkeit noch mehr Elektronen von den Atomen des Edelgases ab. Es kommt also zu einer Kettenreaktion, sodass unzählige Elektronen zur Anode gelangen. Das ionisierte Gas wird stromleitend und der Stromkreis schließt sich.

---

[8] http://blog.mineralium.com/wp-content/uploads/2007/06/geiger_mueller_zaehlrohr.gif (von mir aufgrund eines Fehlers modifiziert)

Die Elektronen fließen zum Pluspol und passieren dabei einen Widerstand (siehe Skizze). Nach dem Ohmschen Gesetz entsteht an diesem Widerstand also eine Spannung. Diese Spannung wird durch einen parallel geschalteten Verstärker verstärkt und von einem Zähler gemessen.

Zeigt der Zähler also eine Spannung an, ist radioaktive Strahlung vorhanden. Je höher die Spannung ist, die vom Zähler angezeigt wird, desto größer ist auch Dosis der radioaktiven Strahlung.[9]

## b)	Die Nebelkammer

Eine weitere Möglichkeit, radioaktive Strahlung nachzuweisen, ist die Nebelkammer. Diese Methode hat nur noch eine historische Bedeutung und wird heutzutage nur noch zur Demonstration und Veranschaulichung angewandt. Eine wissenschaftliche Bedeutung hat die Nebelkammer heute nicht mehr.

Sie wurde 1912 vom britischen Nobelpreisträger Charles T.R. Wilson (1869 - 1959) erfunden und funktioniert folgendermaßen.

Die Wilson'sche Nebelkammer besteht aus einem zylindrischen Gefäß, das auf einer Seite durch eine Glasplatte und auf der anderen Seite durch einen verschiebbaren Kolben, der das Volumen des Gefäßinneren verändern kann, verschlossen ist. In diesem Zylinder befindet sich ein wasserdampfgesättigtes Gas.[10]

[11]

---

[9] vgl. http://blog.mineralium.com/wie-funktioniert-ein-geigerzahler/
[10] vgl. http://www.solstice.de/grundl_d_tph/exp_detek/exp_detek_01.html
[11] http://www.solstice.de/grundl_d_tph/exp_detek/nebel.jpg

Wenn man den Kolben zurückzieht und dadurch das Volumen des Gefäßinhaltes vergrößert, sinkt die Temperatur des Gases. Dieses Gas ist nun mit Wasserdampf übersättigt, dieser kondensiert aber erst dann, wenn er mit „Kondensationskeimen" in Berührung kommt. Ein Kondensationskeim, oder auch Kondensationskern genannt ist ein „feinstes Teilchen [, das] als Ausgangspunkt für die Kondensation von Wasserdampf [dient]"[12][11].

Solche Kondensationskeime können Staub oder andere Mikropatikel sein, aber auch ionisierte Teilchen wie α- oder β-Strahlen (aber keine γ-Strahlen).

Lässt man nun also α- oder β-Strahlen durch das Glas ins Innere des Zylinders eintreten, kondensiert der Wasserdampf an den ionisierten Teilchen und wird als weißer Strich sichtbar.[13]

Es ist anzumerken, dass es mehrere Arten und Funktionsweisen von Nebelkammern gibt. Diejenige, die ich vorgestellt habe, basiert auf die ursprüngliche Version von Charles T.R. Wilson und heißt deshalb auch „Wilson'sche Nebelkammer".

[14]

---

[12] http://www.portal-tideelbe.de/Allgemeine_Informationen/Glossar/index.html#K
[13] vgl. http://www.solstice.de/grundl_d_tph/exp_detek/exp_detek_01.html
[14] http://www.solstice.de/grundl_d_tph/exp_detek/nebel2.jpg

III)   Anwendung radioaktiver Strahlen

1) Technische Anwendung

Radioaktive Strahlung hat in der Technik ein weites Anwendungsgebiet. So hat Rutherford mithilfe seines „Rutherford'schen Streuversuchs" den Aufbau eines Atoms bewiesen, was als eine der ersten Anwendungen von radioaktiver Strahlung zu sehen ist. Aber auch noch heute ist radioaktive Strahlung in der Archäologie, Kunstwissenschaft und in der Geologie zur Altersbestimmung von Objekten wichtig. Außerdem lässt sich mit Hilfe der Durchstrahlungsprüfung Materialeigenschaften überprüfen, ohne dazu das untersuchte Objekt zu zerstören.

Im Folgenden möchte ich die hier angesprochenen Anwendungsgebiete vorstellen.

b)   Der Rutherford'sche Streuversuch

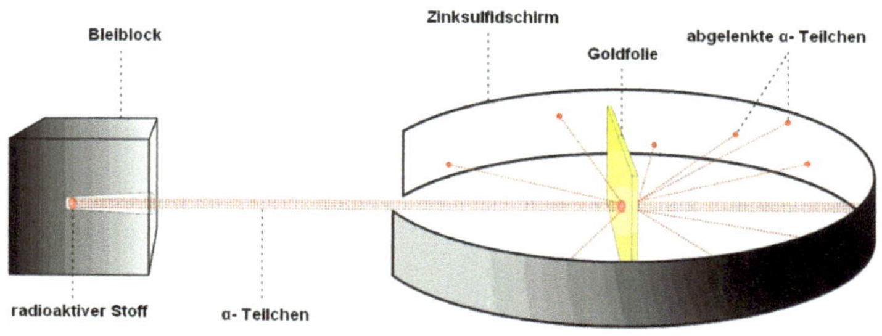

Aufbau des Rutherford'schen Streuversuchs[15]

Rutherford nahm für seinen Streuversuch einen radioaktiven Stoff und setzte diesen in einen Bleiblock, der nach vorne hin eine kleine Öffnung hatte. Somit konnte er einen Strahl mit radioaktiven α-Teilchen erzeugen. Diesen Strahl ließ er auf eine 0,0004 mm dicke Goldfolie (das entspricht 1000 Atomschichten) fallen. Vorher stellte er fest, dass α-Teilchen diese Goldfolie durchqueren können. Um die Goldfolie herum legte er kreisförmig einen Zinksulfidschirm.

---

[15] http://hlg.landshut.org/HLG-OLD/chemie/bilder/rustr_gr.png (modifiziert)

Jedes α-Teilchen, das auf den Zinksulfidschirm trifft, erzeugt einen kleinen Lichtblitz, nachdem es die Goldfolie passiert hat.

Rutherfords Mitarbeiter Geiger, der inzwischen mehr als 100000 Lichtblitze gezählt hatte, bemerkte, dass einige von ihnen sich nicht auf der geradlinigen Verlängerung des α-Teilchen-Strahls befinden, sondern an anderen Positionen auf dem Zinksulfidschirm. Manche der α-Teilchen müssen also in der Goldfolie abgelenkt werden, jedes Zehntausendste wird sogar zurückgeworfen. Rutherford folgerte aus dieser Erkenntnis, dass es im Goldatom einen Ort geben müsste, in dem die positive Ladung konzentriert ist.

Zwei Jahre später veröffentlichte Rutherford auf Grundlage dieses Experiments das „Rutherford'sche Atommodell". Demnach hat ein Atom ein Massezentrum mit positiver Ladung, an dem beim Experiment die α-Teilchen aufgrund von Abstoßungskräften zwischen zwei positiven Ladungen abgelenkt oder gar zurückgeworfen wurden.

Dieses Massezentrum nannte er Atomkern.

Er enthält mehr als 99,9% der Masse des Atoms, ist jedoch 10000-mal kleiner als das Atom selbst. Um den Atomkern herum bewegen sich negativ geladene Teilchen, die fast massenlos sind. Diese nannte er Elektronen. Insgesamt ist das Atom nach außen hin neutral. Im Bereich des Atommantels wird die α-Strahlung nicht abgelenkt, weil sich dort nur Elektronen (negativ geladene Teilchen) befinden.[16]

---

[16] vgl. Asselborn, Wolfgang u.a.: Chemie heute S1. Druck A, Braunschweig 2005, Seite 155

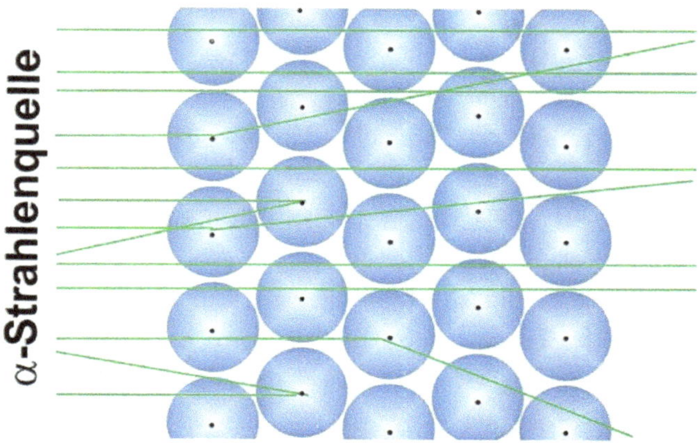

α-Teilchen, die den Atomkern berühren, werden abgelenkt, da sowohl
sie als auch der Kern positiv geladen sind.
α-Teilchen, die den Atommantel durchqueren, werden nicht abgelenkt.

---

b)   Alterbestimmung von Objekten mithilfe der Radiokohlenstoff-datierung

In der Atmosphäre der Erde kommen drei verschiedene Isotope von Kohlenstoff vor: ^{12}C, ^{13}C, und ^{14}C. Dabei sind die ^{12}C- und ^{13}C-Isotope stabil, das ^{14}C-Isotop ist jedoch radioaktiv. Für ^{12}C ist der Anteil am Gesamtkohlenstoffgehalt der Luft etwa 98,89 %, für ^{13}C etwa 1,11 % und für ^{14}C 0,000.000.000.1 % ($=10^{-10}$ %). ^{14}C wird aufgrund seiner Instabilität auch Radiokohlenstoff genannt.

^{14}C-Isotope werden ständig durch eine Kernreaktion in der oberen Schicht der Atmosphäre gebildet. Gleichzeitig zerfällt der sich in der Atmosphäre befindende Radiokohlenstoff und es kommt zu einem Gleichgewicht der Anzahl der ^{14}C-Isotope in der Erdatmosphäre.

Der Radiokohlenstoff verbindet sich nun – wie auch alle anderen Kohlenstoffisotope – mit Sauerstoff zu Kohlenstoffdioxid. Da Lebewesen durch ihren Stoffwechsel ständig Kohlenstoff mit der Atmosphäre austauschen, stellt sich in lebenden Organismen dasselbe Verteilungsverhältnis der drei Kohlenstoff-Isotope ein, wie es in der Atmosphäre vorliegt. Dieser Austausch wird dann unterbrochen, wenn das Lebewesen stirbt. Ab dem Tod des Lebewesens wird der sich in ihm befindende Kohlenstoff fossil, d.h. es gibt keinen Austausch mehr zwischen Kohlenstoffatomen im Lebewesen und Kohlenstoffatomen in der Atmosphäre; der Kohlenstoff bleibt im Lebewesen.

Von nun an beginnt der Radiokohlenstoff zu zerfallen.

Der Zerfall des Radiokohlenstoffes ist nach dem Zerfallgestz bestimmt.

Dabei gilt:

$$N_a(t) = N_a(0) \cdot e^{-\lambda t} \quad [18]$$

(N_a : Zahl der radioaktiven Nuklide)

„Hierbei stellt

$$\lambda = \frac{\ln(2)}{T_{1/2}} \quad [19]$$

mit T1/2 als Halbwertszeit die stoffspezifische Zerfallskonstante des Mutternuklids dar.

---

[18] http://www.idn.uni-bremen.de/projects/bingo/13_2/radio.pdf (von mir modifiziert)
[19] http://privat.macrolab.de/fs/FS-Physikl-WS0405/img92.png (von mir modifiziert)

Daraus ergibt sich dann für unseren Fall folgende Gleichung:

$$\left(\frac{^{14}C}{^{12}C}\right) = \left(\frac{^{14}C}{^{12}C}\right)_{\text{Luft}} \cdot e^{-\lambda_{14}t}$$

[20]

wobei gilt: $\lambda_{14} = \ln(2) / 5730a \approx 1{,}21 \cdot 10^{-4}\,(1/a)$

Mithilfe von verschiedenen mehr oder weniger aufwendigen Methoden kann das Verhätnis zwischen ^{14}C und ^{12}C im zu datierenden Stoff bestimmt werden. Das Verhältnis zwischen ^{14}C und ^{12}C in der Luft ist bekannt.

Man muss also die Gleichung wie folgt nach t auflösen, um das Alter eines Lebewesens herauszubekommen:

$$e^{-\lambda_{14}t} = \frac{\left(\frac{^{14}C}{^{12}C}\right)}{\left(\frac{^{14}C}{^{12}C}\right)_{\text{Luft}}}$$

$$-\lambda_{14}t = \ln\left[\frac{\left(\frac{^{14}C}{^{12}C}\right)}{\left(\frac{^{14}C}{^{12}C}\right)_{\text{Luft}}}\right]$$

$$t = \frac{\ln\left[\frac{\left(\frac{^{14}C}{^{12}C}\right)}{\left(\frac{^{14}C}{^{12}C}\right)_{\text{Luft}}}\right]}{-\lambda_{14}}$$

Das Verhältnis zwischen ^{14}C und ^{12}C eines organischen Materials ist also ein Maß für die Zeit, die seit dem Tod eines Lebewesens vergangen ist. So konnte auch der Todeszeitpunkt z.B. von ägyptischen Mumien genau bestimmt werden.

---

[20] http://upload.wikimedia.org/math/b/2/5/b253b93c4f25d796f57da1a8f5ac48e0.png (von mir modifiziert)

Des Weiteren kann diese Methode auch bei nicht lebenden Objekten angewendet werden, da auch in solche Radiokohlenstoff gelangen kann, beispielsweise bei geschmolzenen Metallen oder bei anderen Werkstoffen, die aus thermischen Verfahren gewonnen werden.[21]

c)   Durchstrahlungsprüfung

Die Durchstrahlungsprüfung ist eine Methode, mit der man die Dichte eines Objektes, z.B. eines Bauteils bestimmen kann. So ist diese Methode hilfreich, um Fehlerstellen wie zum Beispiel Risse oder innere Hohlräume festzustellen, ohne dass das zu untersuchende Objekt dabei zerstört werden muss.
Folgende Skizze zeigt das Verfahren:

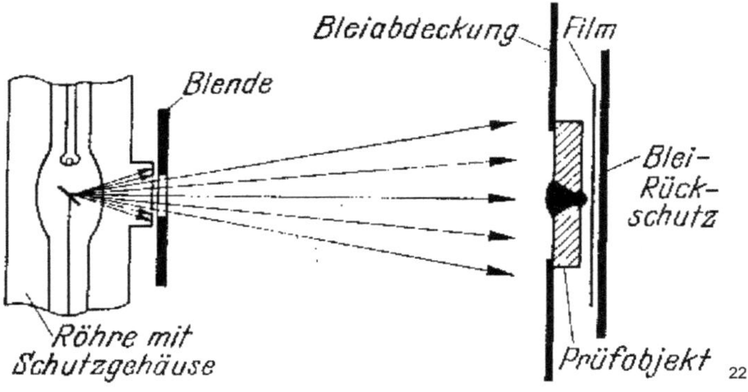

Röntgen- oder Gammastrahlen (beide sind in der Lage, dicke Objekte zu durchdringen) werden auf das Objekt geworfen, wobei hinter das Prüfobjekt ein Film angebracht wird, der sich, wenn er mit Röntgen- oder Gammastrahlen in Berührung kommt, schwarz färbt. „An der unterschiedlichen Schwärzung [des Films] lässt sich die abweichende Materialdicke oder -dichte erkennen. Umso dicker oder dichter [das Prüfobjekt ist] umso weniger Strahlung kann es durchdringen [und] umso heller ist der Röntgenfilm." [23]

[21] vgl. http://de.wikipedia.org/wiki/Radiokohlenstoffdatierung
[22] http://home.arcor.de/thiessen-berlin/prufanordschwn.gif
[23] http://www.uni-protokolle.de/Lexikon/Durchstrahlungspr%FCfung.html

2) *Medizinische Anwendung*

Neben der Technik ist die Medizin ein Fachgebiet, in der die Radioaktivität mit Fortschreiten der Forschung für Diagnostik und Therapie von Krankheiten immer mehr angewendet wird. Im Gegensatz zur Technik ist dabei aber zu beachten, dass radioaktive Strahlen für den Menschen schädlich sind. Deshalb muss bei der Anwendung darauf geachtet werden, dass man bei einer Untersuchung den Menschen gut vor den Strahlen schützt, sie gegegbenenfalls also nur punktuell oder nur für sehr kurze Zeit am Körper einsetzt, oder dass nur geringe Dosen verwendet werden.

Im weiteren Verlauf möchte ich eine medizinische Methode vorstellen, bei der radioaktive Strahlen benutzt werden, und ich möchte am Ende meiner Arbeit noch auf das Thema Röntgenstrahlen eingehen.

a)   Szintigrafie

„Die Szintigrafie ist eine nuklearmedizinische Untersuchung, die Aufschluss über den Aktivitätszustand verschiedener Gewebe gibt."[24]

Dabei werden radioaktiv markierte Stoffe (Radionuklide) in das Blut inieziert, um somit die Stoffwechsel- und Durchblutungsverhältnisse bestimmter Organe in einem Bild sichtbar zu machen. Es hängt vom zu untersuchenden Gewebe ab, welche Stoffe als Radionuklide verwendet werden. „Jodverbindungen reichern sich beispielsweise besonders gut in der Schilddrüse an, für Knochenuntersuchungen eignen sich dagegen Phosphonate besser."[25]

Mithilfe der Szintigrafie kann man z.B. Entzündungs- oder Krebsherde im Körper lokalisieren, da an entzündeten Stellen der Stoffwechsel schneller abläuft und sich deshalb die Radionuklide stärker anreichern als in gesundem Gewebe.

Die Gammastrahlung, die die Radionuklide aussendet, wird mithilfe einer Gammakamera erfasst und anschließend in ein Bild (Szintigramm) verwandelt.

Es muss darauf geachtet werden, dass ausschließlich kurzlebige Radionukliden verwendet werden, damit der Patient keiner länger andauernden

---

[24] http://www.netdoktor.de/Diagnostik+Behandlungen/Untersuchungen/Szintigrafie-1477.html
[25] http://www.netdoktor.de/Diagnostik+Behandlungen/Untersuchungen/Szintigrafie-1477.html

Strahlenbelastung ausgesetzt ist und selbst keine Strahlungsquelle für seine Umwelt ist.[26]

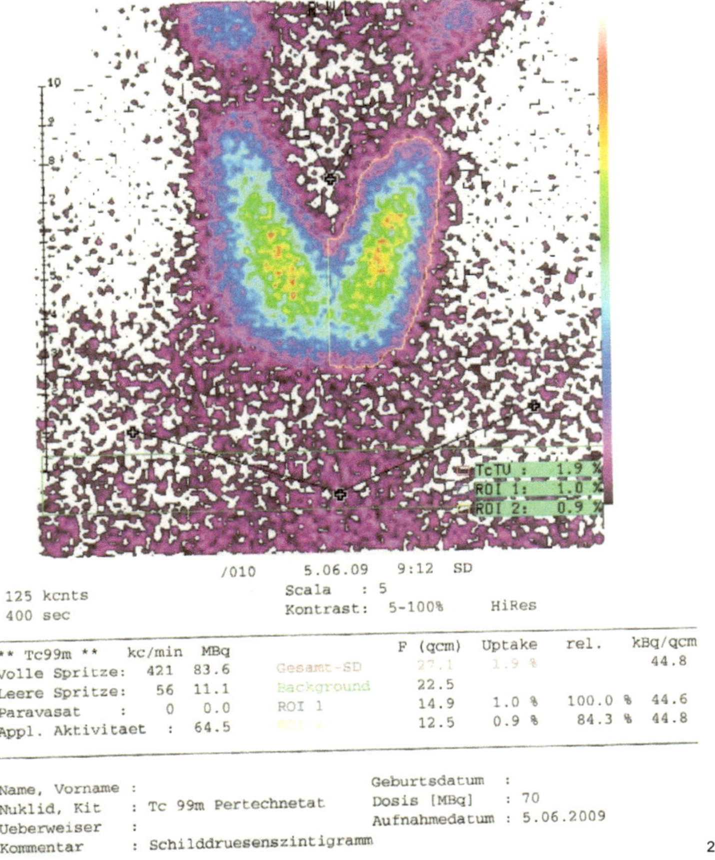

Szintigramm der Schilddrüse[27]

[26] vgl. http://www.netdoktor.de/Diagnostik+Behandlungen/Untersuchungen/Szintigrafie-1477.html
[27] http://upload.wikimedia.org/wikipedia/commons/6/6e/Scintied.jpg

b)   Röntgenstrahlung

Röntgenstrahlung findet die größte Anwendung auf dem Gebiet der radiologischen Diagnostik und in der Nuklearmedizin, doch zuerst muss auf folgende Problematik hingewiesen werden:

(1)   Unterschied   zwischen   Röntgenstrahlung   und Gammastrahlung

Röntgenstrahlen haben eine Wellenlänge von 50 nm (weiche Röntgenstrahlung) bis weniger als 1 pm (harte Röntgenstrahlung). Somit überschneiden sich die Wellenlängen der Röntgenstrahlen mit jener der Gammastrahlen (siehe elektromagnetisches Spektrum). Der einzige Unterschied zwischen diesen beiden Strahlen besteht in der Herkunft. „Röntgenstrahlung entsteht im Gegensatz zur Gammastrahlung nicht bei Prozessen im Atomkern, sondern durch hochenergetische Elektronenprozesse.“[28]

---

[28] http://de.wikipedia.org/wiki/Röntgenstrahlung

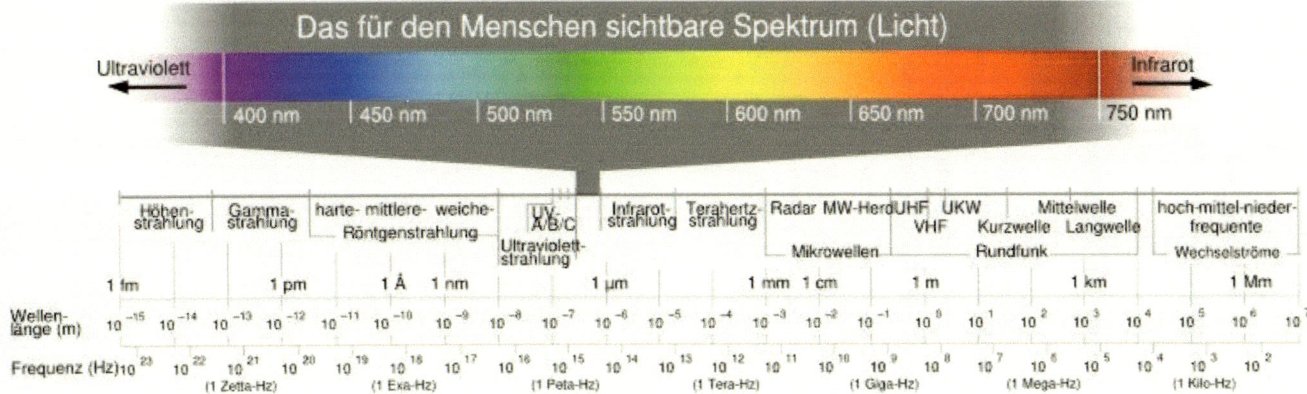

Elekrtomagnetisches Spektrum mit Gammastrahlung und Röntgenstrahlung u.a.

[29] http://www.sternenecke.ch/Medien/images/Sternwissen/ElektromagSpektrum.png

Bei einer Röntgenuntersuchung wird die zu untersuchende Körperregion zwischen der Röntgenröhre, der Strahlungsquelle für Röntgenstrahlung, und Röntgenfilm positioniert. Die Röntgenstrahlung, die durch das Gewebe tritt, schwärzt den Röntgenfilm. Weiches Gewebe wie Fett, Muskeln und Haut absorbiert wenig Strahlung. Hartes Gewebe wie Knochen absorbiert dagegen viel Strahlung und hinterlässt dadurch einen weißen Schatten auf dem Röntgenbild.[30] Liegt jetzt zum Beispiel eine Knochenfraktur vor, werden die Röntgenstrahlen vom Knochen absorbiert, nur an der Stelle des Bruches lässt der Knochen mehr Röntgenstrahlung durch. Diese Stelle ist dann auf dem Röntgenfilm als schwärzer zu erkennen.

Die Röntgenuntersuchung ist vom Prinzip her vergleichbar mit der Durchstrahlungsprüfung.

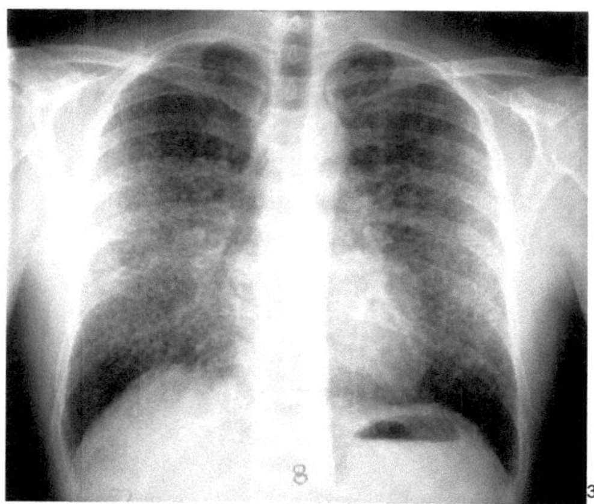

🖵 Röntgenbild des Brustbereiches, auf dem man gut den Unterschied zwischen Knochengewebe (weiß) und luftgefüllten Hohlräumen (dunkel) erkennen kann.

---

[30] vgl. http://www.radiologie-foersterling.de/portal/php/index.php?ID=1504
[31] http://www.bergfieber.de/radioaktiv/pictures/roentgenbild.jpg

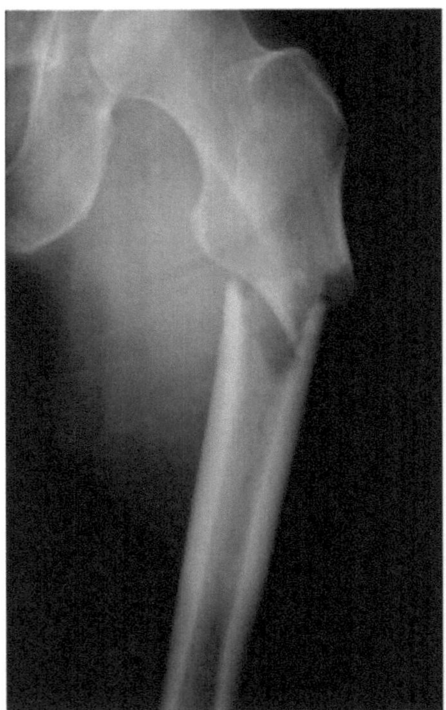

Röntgenbild einer Fraktur am Oberschenkelknochen [32]

Zum Abschluss des Kapitels „Medizinische Anwendung" möchte ich anmerken, dass radioaktive Strahlung u.a. auch bei der Bestrahlung von verschiedenen Krebsarten, bei Computertomogrammen und bei Herzkateteruntersuchungen zur Anwendung kommen.[33]

---

[32] http://www.duden.de/_media_/full/F/Fraktur-201020122903.jpg
[33] Befragung von Dr. Angelika Stadler, Luisenstraße 10, 76646 Bruchsal (Fachärztin für Allgemeinmedizin)

Literatur- und Quellenverzeichnis

Appel, Thomas u.a.: Schroedel Spektrum Physik Gymnasium, 2.
Neubearbeitung, Braunschweig 2008

Asselborn, Wolfgang u.a.: Chemie heute S1. Druck A, Braunschweig 2005

http://de.wikipedia.org/wiki/Radioaktivität. UvM: Radioaktivität,
erschienen am 22. April 2011, aus dem Internet entnommen am 26.04.2011

http://www.weltderphysik.de/de/8936.php. Kube, Jens: Messgrößen der
Radioaktivität, erschienen am 13.03.2011, aus dem Internet entnommen am
26.04.2011

http://de.wikipedia.org/wiki/Relative_biologische_Wirksamkeit. Rdb: Realtive
Biologische Wirksamkeit, erschienen am 17. April 2011, aus dem Internet
entnommen am 26.04.2011

http://www.jurentschk.de/AT/Strahlung-PP.pdf. Pauli, Thomas: Messung
ionisierender Strahlen, aus dem Internet entnommen am 26.04.2011

http://blog.mineralium.com/wie-funktioniert-ein-geigerzahler/. Wie funktionier ein
Geigerzähler?, erschienen am 25.06.2007, aus dem Internet entnommen am
26.04.2011

http://www.solstice.de/grundl_d_tph/exp_detek/exp_detek_01.html. Hacker,
Germann: Teilchendetektoren – Nebelkammer, erschienen am 28.03.2003,
entnommen aus dem Internet am 26.04.2011

http://www.portal-tideelbe.de/Allgemeine_Informationen/Glossar/index.html#K.
Wasser und Schifffahrtsverwaltung des Bundes: Glossar, aus dem Internet
entnommen am 26.04.2011

http://www.idn.uni-bremen.de/projects/bingo/13_2/radio.pdf. Universität Bremen: Altersbestimmung mithilfe radioaktiver Nuklide, aus dem Internet entnommen am 03.06.2011

http://de.wikipedia.org/wiki/Radiokohlenstoffdatierung. Xocolatl: Radiokohlenstoffdatierung, erschienen am 26.05.2011, aus dem Internet entnommen am 03.06.2011

http://www.uni-protokolle.de/Lexikon/Durchstrahlungspr%FCfung.html, aus dem Internet entnommen am 03.06.2011

http://www.netdoktor.de/Diagnostik+Behandlungen/Untersuchungen/Szintigrafie -1477.html. Müller, Ingrid: Szintigrafie, erschienen am 20.04.2010, aus dem Internet entnommen am 03.06.2011

http://de.wikipedia.org/wiki/Röntgenstrahlung. Pittimann: Röntgenstrahlung, erschienen am 25.05.2011, aus dem Internet entnommen am 03.06.2011

http://www.radiologie-foersterling.de/portal/php/index.php?ID=1504. Dr. med. Larisch, Katharina: Konventionelles Röntgen, erschienen am 12.10.2008, aus dem Internet entnommen am 03.06.2011

http://upload.wikimedia.org/math/e/f/1/ef1e0e2f377c129190fdd6b6f4983b9b.png

http://blog.mineralium.com/wp-content/uploads/2007/06/geiger_mueller_zaehlrohr.gif

http://www.solstice.de/grundl_d_tph/exp_detek/nebel.jpg

http://www.solstice.de/grundl_d_tph/exp_detek/nebel2.jpg

http://hlg.landshut.org/HLG-OLD/chemie/bilder/rustr_gr.png

http://www.chemie.uni-bremen.de/eilks/Material/teilchen/Atombau/Strahlung.jpg

http://privat.macrolab.de/fs/FS-Physikl-WS0405/img92.png

http://upload.wikimedia.org/math/b/2/5/b253b93c4f25d796f57da1a8f5ac48e0.png

http://home.arcor.de/thiessen-berlin/prufanordschwn.gif

http://upload.wikimedia.org/wikipedia/commons/6/6e/Scintied.jpg

http://www.sternenecke.ch/Medien/images/Sternwissen/ElektromagSpektrum.png

http://www.bergfieber.de/radioaktiv/pictures/roentgenbild.jpg

http://www.duden.de/_media_/full/F/Fraktur-201020122903.jpg

Befragung von Dr. Angelika Stadler, Luisenstraße 10, 76646 Bruchsal (Fachärztin für Allgemeinmedizin) am 04.06.2011

Anmerkung: Alle Quellenangaben die mit einem „vgl." versehen sind, richten sich nur inhaltlich nach der angegebenen Quelle und beziehen sich auf den ganzen betreffenden Abschnitt.

BEI GRIN MACHT SICH IHR WISSEN BEZAHLT

- Wir veröffentlichen Ihre Hausarbeit,
  Bachelor- und Masterarbeit

- Ihr eigenes eBook und Buch -
  weltweit in allen wichtigen Shops

- Verdienen Sie an jedem Verkauf

Jetzt bei www.GRIN.com hochladen
und kostenlos publizieren